睁大眼睛看世界

La Lumière, le Son
l'Electricité,
les Aimants

声光电磁：猫的眼睛会变吗？

〔法〕菲利浦·纳斯曼（Philippe Nessmann）/ 著
〔法〕彼得·艾伦（Peter Allen）/ 绘
陈晨 / 译

北京日报出版社

目　录

声

广播中的音乐声，小伙伴之间的讨论声，汽车的喇叭声，体育场上的哨声，学校操场上的叫喊声……我们的身边充满了各种各样的声音。但是，声音是怎么形成的呢？我们的耳朵又是如何听到声音的呢？完成下面的实验，你就会找到答案。

什么是声音

一场音乐会正在进行。一位小提琴家正在拉小提琴，琴弦抖动起来并发出声音；另外一个演奏家正在敲击鼓面，鼓面振动起来发出声音；第三个演奏家正在吹奏单簧管，单簧管中的簧片颤动起来发出声音。可是，那个正在唱歌的音乐家，她又是怎样发出声音的呢？

1 把你的手放在脖子上，用力吸气，再用嘴慢慢地呼气，就像在吹一根蜡烛。你的手感觉到了什么？

实验准备：
- 一只手
- 你的脖子（用你的手和脖子来完成实验再合适不过了！）

2 再次吸气，这一次长长地发出一个音，例如"喔——"，你发现什么不同了？

啊！

另一个小实验

拿起一个铁质的锅盖，再拿来一把木勺。用木勺敲击锅盖发出声响后，立刻把你的手轻轻放在锅盖上，你能感觉到很强的振动。当振动停止的时候，声音也就停止了。

当你吹气的时候，你的手感觉不到什么，但当你发出"喔——"的时候，你的手会感觉到喉咙在颤动，这种颤动也叫作振动。那么，喉咙为什么会振动呢？这是因为你的喉咙中有一个叫作声带的器官，声带在你说话的时候会振动起来发出声音。你的手感知到的颤动就是声带振动的结果。和说话声一样，你能听到的所有的声音都是振动产生的，例如蜜蜂的嗡嗡声，钟表的嘀嗒声，以及洗衣机的轰隆声等。

空气中的声音

向水中扔小石子的时候，水面会形成一圈圈的波纹向四周扩散，声音的传播也是这样的。当一本书掉落地上的时候，周围空气中会形成一些看不见的"波纹"向四周扩散。要是你刚好在书的周围，这些波纹就会传达到你的耳中，你就能听"嘭"的一声——书掉落地上的声音。

啪!

声音在空气中的传播速度约为 1200 千米 / 小时，相当于一架战斗机的飞行速度。声音的传播速度已经很快了，但光的传播速度更快，这也是我们在暴风雨的天气里，总是先看到闪电后听到雷声的原因。

1 在距离音箱 5 厘米处，把蜡烛放在摞起的书上，让蜡烛与音箱喇叭保持差不多高度。

实验准备：
- 一根蜡烛和一盒火柴
- 一套音响
- 一些书
- 一位成年人陪伴

2 让大人帮忙将蜡烛点燃，然后打开音响。

3 把音响的音量调大，直到蜡烛开始"跳舞"！

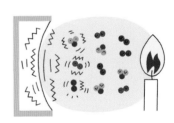
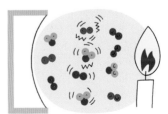
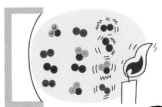

振动产生了声音，你可以把手放在音箱上感受一下！当音箱表面的网膜不断振动的时候，就会推动前方的空气。空气中的小粒子在音箱的带动下也会不断振动，进而推动更前方的空气粒子。就这样一点一点，振动在空气中不断传播，就像多米诺骨牌一样，带动着蜡烛附近的空气也开始振动，空气振动让火焰也跟着跃动起来。

耳 朵

噜……
噜……
噜！！

想要听到声音，需具备三个要素：首先，需要有声源，它可以是一把吉他、一个集市、一幢正在建造的楼房……接着，为了让声音到达你的耳朵，还需要传播的媒介，比如空气、水……最后，还需要我们的耳朵。但这一切究竟是如何工作的呢？

1 撕下一块塑料保鲜膜，覆盖在碗上，用力拉紧。

实验准备：
● 一个碗
● 塑料保鲜膜
● 白砂糖
● 一口锅
● 一把木勺

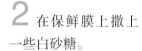

2 在保鲜膜上撒上一些白砂糖。

3 拿着锅和勺在靠近碗的上方敲击，仔细观察保鲜膜上的白砂糖，看它会发生什么情况。

你知道吗

耳膜也叫耳鼓，它是位于外耳与中耳之间的薄膜，因为很像一只鼓，所以被称作耳鼓。

糖粒跃动起来了！这是因为木勺敲击锅产生了振动，空气因为这振动形成振动波传播到保鲜膜上，保鲜膜也跟着振动起来，保鲜膜振动带动糖粒也振动起来，因而糖粒看起来像是跳起了舞。我们耳朵里也有一片薄薄的耳膜，当声波传送到耳膜时，耳膜会振动起来，在耳朵中的小骨头和耳朵内部结构的帮助下，这些振动会传输到我们的大脑中，我们也就听到了声音。

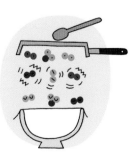

水中的声音

海豚是一种非常聪明的动物，它们之间会利用尖叫声来进行交流。但是，海豚大多数时候是生活在水中的，也就是说，声音在水中也可以传播。

1 让大人帮忙把一个气球吹起来，另一个装满温水。

实验准备：
● 两个气球
● 一些水
● 一张桌子

2 将两个气球放在桌面上，将耳朵贴近装有水的气球。

你知道吗

声音在水中传播得比在空气中更远，一只蓝鲸发出的叫声，可以传播出800千米。这就如同我们在北京可以听到青岛的警笛声！

3 用一只手的手指堵住另一只耳朵，另一只手敲击桌面，你能听到声音吗？

4 用吹起的气球重复同样的实验，比较一下，哪一次听到的声音更清楚？

用装满水的气球听到的声音更清楚，这是为什么呢？我们已经了解，声音是由振动产生的，当你敲击桌面时，桌面就会振动。这些振动要想到达你的耳朵，就需要穿过气球。在装满水的气球中，由于组成水的小粒子之间非常紧密，所以振动很容易就会传到你的耳朵里。但是，在充满气体的气球中，由于气体粒子彼此离得比较远，振动传播起来就没有那么轻松。这就是声音在水中更容易传播的原因。

声音能通过什么传播

看电影时，我们时常会看到这样一个电影场景：一个人把耳朵贴在铁轨上来判断有没有火车要驶过来。这是因为声音在钢铁中的传播速度非常快，听铁轨能知道很远的地方有没有火车要过来。小朋友们可千万不要模仿哦，因为这还是很危险的。

实验准备：
- 一只嘀嗒作响的手表
- 一把扫帚
- 一卷餐巾纸
- 一些透明胶带

1 剪下一长段胶带，用胶带把手表固定在扫帚的一端。

嘀嗒……

2 把耳朵贴在扫帚的另一端，你能听见手表的嘀嗒声吗？

真真假假

　　在月亮上，我们是无法听到声音的。

　　真的，因为声音的传播需要介质，没有介质就无法传递声音。太空和月球表面都是真空的，基本上没有空气，也就没有介质，因此，哪怕一辆火箭就在你身后3米远的地方，你都有可能什么都听不见！

3 再把手表粘贴在卷纸上，重复同样的实验。这回，你能听到手表的嘀嗒声吗？

嘀嗒……

嘀嗒……

　　扫帚很长，但是你却可以很清楚地听到手表的声响；卷纸很短，但是你却无法听见嘀嗒声。这是因为，扫帚把是用一种构造紧密、可以传播声音的材料制作而成的，这样的材料包括木头、塑料、钢铁等。在这些材质中，声音很容易进行传播，因为手表引起的振动，会通过组成这些材质的粒子一个接一个地传递过去。餐巾纸比较疏松，不能传播声音，手表的振动都被柔软的纸张吸收了，你也因此无法听到声音。

听，有回声

这只蝙蝠可以在黑夜中准确地抓住飞蛾，但它可不是依靠眼睛来捕捉猎物的。蝙蝠会发出一种频率很高的声波，这种人耳无法听到的声波，我们称其为超声波。如果刚好有一只昆虫遇到了蝙蝠发出的超声波，这些声波就会原路返回，就像我们在山间高喊可以听到回声一样。这时，蝙蝠的大耳朵就派上了用场，它们可以很好地捕捉到回声，也因此知道了"晚餐"就在前方……

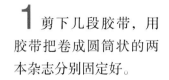

1 剪下几段胶带，用胶带把卷成圆筒状的两本杂志分别固定好。

实验准备：
- 两本杂志
- 一只嘀嗒作响的手表
- 一卷胶带
- 一口小锅
- 两个杯子

2 把两支杯子扣着放在桌边，每一个杯子上放一个用杂志卷成的圆筒，把手表放在其中的一个圆筒中。

3 将耳朵贴近另外一个圆筒，听得到声音吗？让别人帮忙，把小锅放在两个圆筒前方，然后仔细听，这回听到嘀嗒声了吗？

4 把眼睛闭上，用耳朵来判断，纸筒的前方是否有小锅。

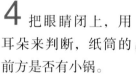

你知道吗

我们同样是依靠回声来查看妈妈肚子中的小宝宝的！首先，我们将一个发出超声波的小小装置放在妈妈的肚皮上，这些声波遇到了肚子中的宝宝就会发射回来。仪器接收到回声，并转换成宝宝的图像，这就是超声波描记法（B超）。

声音遇到物体会反射，就像皮球落到地上会弹起来一样。当纸筒的前方有小锅时，声音从一个纸筒中传播出来，遇到小锅再折返到另一个纸筒中，被我们的耳朵接收到。也就是说，你听到了回声。而如果没有小锅，嘀嗒声从一个纸筒中传播出来，就不能反射回来，也就没有回声了。蝙蝠就是依靠这样的回声系统来判断前方是不是有猎物的。

低音与高音

闭上眼睛，我们可以判断出唱歌的是男生还是女生吗？这太简单了！一般来说，男生的声音更加低沉，而女生的声音音调更高。可是，你知道这是为什么吗？

1 把尺子搭放在桌边，一只手压在尺子上，帮助固定。

实验准备：
- 一把尺子
- 一张桌子

2 用另一只手将伸出桌面的部分下压，然后松开手。你听到什么声音了吗？

另一个实验

拿三个相同的杯子，第一个杯子装满水，第二个装半杯水，第三个不装任何东西。用小勺依次轻轻敲打水杯，哪个水杯发出的声音听起来音调最高？哪个杯子发出的声音最低沉？

敲打空杯子发出的声音听起来最高亢，敲打装满水的杯子发出的声音听起来最低沉。

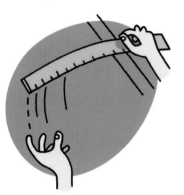

3 把尺子伸出桌边的部分加长，重复刚才的实验。尺子上下摆动的速度是变快了还是变慢了？你听到的声音呢，是更高还是更低了？

当尺子伸出桌面的长度较短时，尺子振动的速度更快，音调也更高。当尺子伸出桌子的部分变长后，尺子振动的速度变慢了，声音也更为低沉。这并不是偶然现象，而是因为音调的高低取决于振动的速度。女人的声音通常比男人的更尖细，是因为她们的声带振动得更快。此外，蚊子的声音听起来比蜜蜂更加尖锐，是因为它们的翅膀扇动得更快。

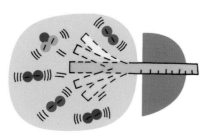

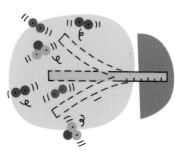

大声一点

声音的强弱叫音量。当你放大音量时，声音就能传播到更远的地方！千万不要把音量（声音的大小）和音调（声音的高低）混为一谈。比如，这个男人不论他如何大声叫喊，他的音调都是低的。

1 一只手拿着梳子，另一只手的手指慢慢地在梳子的齿上划过。仔细听手指划过时的声音。

实验准备：
- 一把梳子
- 一张桌子
- 一个盘子
- 一口小锅

2 这一次，手指快速用力地划过梳子，你听到的声音和刚才的一样吗？

3 把梳子放在桌边，用一只手固定，另一只手拨动梳子齿。这次梳子发出的声音听起来又是什么样子的？如果在盘子或小锅上重复这个实验，又会发出什么声音呢？

小词典

音量的单位是分贝。完全无声的状态，是 0 分贝；风中树叶的响动声，音量是 15 分贝；朋友间的交谈声音量可以达到 60 分贝；学校的食堂里音量有 95 分贝；打雷发出的声音音量是 120 分贝；发射火箭时的音量是 180 分贝。音量很大，且持续时间又很长时，是有可能导致人耳失聪的。

当你轻轻拨动梳子时，梳子齿振动幅度比较小，因此梳子周围的空气振动的强度就会小一些，声音也无法传播到远处。想要放大梳子的音量，可以有两种方式。一是你可以用力拨动梳子，这样梳子周围的空气振动得更加强烈，音量也就更大。二是你可以将梳子固定在桌子上，这样整个桌子也会和梳子一起振动，带动周围更多的空气振动，声音也就更响了！

音乐响起来

在吉他家族中，我们可以看到来自美洲的圆形班卓琴、来自俄罗斯的三角形巴拉莱卡琴、来自印度的有着长长琴颈的锡塔尔琴和曼陀林。这些乐器发出的声音各不相同，因为它们形状各异，并且由不同的材质组成，如木头、钢铁……

1 用胶带将尺子牢牢地固定在小锅的手柄上。

实验准备：
- 一把尺子
- 一张桌子
- 一根皮筋

2 剪断橡皮筋，把橡皮筋的一端粘贴在尺子向外的一端。

3 把橡皮筋的另一端固定在小锅上，注意橡皮筋要绷紧。你也可以在这根橡皮筋旁边继续固定其他的橡皮筋。

音乐是什么？

如果用小勺敲打玻璃杯，我们会听到噪声。但是当你依次敲击几个不同的玻璃杯，你会制造出不同的音符，这些音符可以组合成一段美丽的乐章，这就有了音乐。

4 用手指固定尺子上的"琴弦"，另一只手轻轻拨动"琴弦"。这样，你就得到了一个音符。如果你将橡皮筋固定在尺子上不同的位置，你听到的音符将又不同。现在，就由你来创作一段旋律吧！

和真正的吉他一样，你的班卓琴也是由两部分构成的。第一部分是琴弦，也就是实验中的橡皮筋。你固定橡皮筋的手指位置不同，橡皮筋振动的快慢也会不同，因此音符的声调高低也就不同。第二部分是班卓琴上的共鸣箱，传统吉他的共鸣箱是木头制成的，而这里的共鸣箱就是你的小锅。没有共鸣箱，橡皮筋并不会发出多大的声响，但是共鸣箱却可以放大音符的音量，听众因而能够清晰地听到琴声。

假如没有了声音……

放学了。在学校门口，汤姆看到了吉姆。

"要和我一起走吗？"吉姆问道，"我要给路易斯姑姑送一本书过去。"

"好呀！"

"我姑姑人可好了。但是如果她不跟你讲话，你也别觉得奇怪，因为她生下来就是聋哑人。"

来到家门口，吉姆按了按门铃。

"为什么按门铃呢，她又听不到？"汤姆问道。

"我姑姑把门铃和灯连接到了一起，门铃响的时候屋里的灯就会闪烁，她就知道是有人来了。她的闹钟也是一样，虽然不发出声音，但是会振动。她会把闹钟放在枕头下面，聪明吧！"

"那电话怎么办？"

"傻瓜！她要电话做什么？她听不见呀！"

路易斯姑姑来开门了，她比划了一个奇怪的手势，吉姆也回应了一个奇怪的手势。汤姆迷惑地眨了眨眼睛。

"你没有见过手语吗？"吉姆问道，"每个手势都象征着一个单词。比如，我们想说、'爸爸'，就会把手比作胡子。我姑姑很爱聊天的，她平时会用电脑给朋友们发邮件交流。"

"来吧，她请我们进去吃点东西……"

汤姆有些不自在,他观察着客厅。这里既没有收音机,也没有音响,但是有一台电视机。

没有声音,她是怎么看懂的呢?

"我姑姑的电视有一个特殊的系统,"吉姆解释说,"有些频道会在屏幕下方显示文字,只要阅读那些文字就可以了!"

"嗯!蛋糕真好吃。"为了表达这一点,汤姆把手放在肚子上揉了揉。

路易斯姑姑笑了。

"你看,这一点儿不难!"吉姆鼓励他说,"对我姑姑而言,最大的问题,是她听不到危险的到来。不管是马路上的汽车、消防警报还是入室抢劫的小偷,她都听不见,所以她需要非常谨慎才行。"

在家门口,汤姆用笨拙的手语和路易斯姑姑说再见。

"不用重复啦。"吉姆说道。"好的,我只是觉得你姑姑……人真好,也很漂亮。"路易斯姑姑和吉姆笑了起来。

"告诉你个秘密!我姑姑会读唇语,所以你说的她都听懂啦。"

"哎呀!"汤姆的脸红了……

光

　　你能想象一个没有光的世界吗？那意味着无止境的黑夜。还好，我们有光，可以照亮一切！但是光是由什么组成的呢？一支蜡烛是如何发出光的呢？为什么太阳光到傍晚就变成了橘黄色？我们的眼睛又是如何看到光和颜色的呢？如果这些问题你现在还不清楚，没有关系，我们一起来完成下面的小实验后，你就会明白一切的！

什么是光

阳光透过枝叶间的缝隙洒落地上，这样的景色真是太美了！但是，为什么有的地方会被照亮，有的地方却没有被照亮呢？为什么太阳不能照到树林的所有角落呢？

实验准备：
- 硬纸板
- 吸管
- 胶带
- 铅笔和剪刀
- 手电筒

1 在纸板上画一只小鸟、一只猫、一只小狗、一条鱼……

2 把这些小动物图案剪下来，粘贴在不同吸管末端。

3 找一个较暗的房间，打开手电筒，并把它放在离白墙 1 米远左右的地方。

1米

4 拿出制作好的小动物吸管，让它们在手电筒与墙面之间穿行，用它们的影子上演一出好戏。

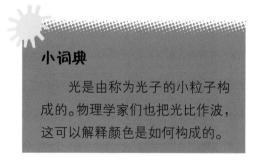

小词典

光是由称为光子的小粒子构成的。物理学家们也把光比作波，这可以解释颜色是如何构成的。

你已经完成了一出皮影戏！手电筒的灯泡产生了光，光是由许多微小的能量粒子构成的，这些粒子叫作光子。光子从灯泡出发，沿着直线前行。当它们前行的路上没有障碍的时候，就会顺利抵达墙面，并照亮它。但是，当它们遇到了阻碍，也就是你制作的动物模型的时候，它们就碰撞到纸板上，停止前行了。因此，纸板的后面就没有了光，你在墙面上也就看到了动物的影子。

要有光

篝火、点亮的灯泡、太阳，
这些都可以带来光，它们三者之
间，还有另外一个共同点……

实验准备：
- 电线
- 小刀
- 蜡烛
- 大人的帮助

1 让大人帮忙剪下一段 10 厘米长的电线，并剥出一段 5 厘米的裸线。把电线中的铜丝分开来，折到后方，只保留一根铜丝。

2 让大人在一间较暗的房间里点亮蜡烛。

真真假假

　　有些动物可以发光。

真的。萤火虫就是一种发光的动物，它会利用光来沟通信息，吸引异性。它们之所以在夜里进行一种化学反应。

3 让铜丝在火焰中停留几秒钟，你看到铜丝变红了吗？ 如果你移开铜丝，颜色会变化吗？注意不要让铜丝在火焰中太久，它很有可能会融化。

加热后的铜丝开始变红，并且发出光芒。这是因为铜丝接触火焰后，会变得异常活跃并释放出光子。因此，即使在黑暗的房间里，它也会闪闪发光。但是，当铜丝冷却下来以后，光也就会熄灭了。光常常是由热量产生的，这就是灯泡中的钨丝、蜡烛的火焰及太阳发出光亮的原因。

被照亮的物体

观察你的周围，有书本、桌子、椅子……因为你能看见这些物体，也就说明这些物体正在向你的眼睛发送光。但是，这些光是它们自己产生的吗？

实验准备：
- 一个手电筒
- 一个盛满滑石粉的小勺
- 一间盥洗室

1 走进盥洗室，把灯关上，制造一个完全黑暗的环境。把手电筒点亮，并放在洗手盆边缘。

2 把装有滑石粉的小勺放在嘴边，向有光的地方轻轻吹送粉末。你是什么时候看到这些粉末的？

你知道吗

太阳会释放非常非常多的光，这些光穿过云层到达地球，它们会遇到土地、树木、墙面等，并在它们表面反射。正是这些光透过窗户进入我们的房间，我们才能看到周围的一切。

3 在黑暗中打开一个抽屉，为了看到抽屉中都有什么，你该怎么做呢？

手电筒本身可以发光，因此在黑暗中，你可以看到它。但是，盥洗室中的毛巾和滑石粉却不能发光，因此在黑暗中，你无法看到它们。想要看到毛巾和滑石粉，你需要将它们放到手电筒发出的光里。这样，从灯泡中跑出来的光就会在毛巾和滑石粉的表面反射，并进入你的眼睛里，你也就能看到它们啦！

哦，亲爱的镜子

照照镜子，嘿！我的发型还不错。那么，我们为什么能在镜子中看到自己呢？

准备实验：
- 一个手电筒
- 一面或几面小镜子
- 一面挂在墙上的大镜子

1 找一间黑暗的房间，将手电筒打开放在桌上，注意不要离大镜子太远。

2 拿起一面小镜子，把它举到有光的地方，你看到出现在墙上的光斑了吗？

你知道吗

1969 年，宇航员在月球表面放了一面镜子，并从地球上向镜子发射激光。人们发现，激光在地球与月球之间往返一圈的时间至少需要 3 秒钟。在真空中，光每秒钟可以跑 30 万千米哦！

3 调整小镜子的位置，直到墙上的光斑移动到大镜子上。看你的身后，你应该会看到一个新的光斑。

4 如果你是和几个小伙伴在一起，让大家每人都拿一面镜子，让光在你们之间依次传递……

当你将镜子放在手电筒的光中时，这些光会在镜面反射，就像是打在地面上的子弹一样。于是，原来的光改变了前进方向。而当你将这些光引导向另一面镜子时，它们就会经历第二次反射。你平常能在镜子中看到自己的样子，也正是因为光线会在镜子表面反射，进入你的眼睛里！

改变方向

当你在岸上看泳池中游泳的人时，会觉得他们变小了。这是由于光的折射，光正在和我们做游戏呢！

实验准备：
- 一枚硬币
- 一卷胶带
- 一口小锅
- 一口装满水的大锅

1 把硬币粘在小锅底部的边缘位置。

2 在桌边坐下，把小锅放在桌上，有硬币的一边靠近自己。

我是谁

我是一种光的折射现象，我经常出现在炎热的沙漠中，你知道我是谁吗？

答案：海市蜃楼。

3 靠近小锅，看看锅里的硬币。现在，慢慢后退，直到硬币被锅的边缘挡住。就保持在这个位置别动！

4 现在找个人帮忙，将大锅里的水逐渐倒入小锅里。你又重新看到硬币了吗？

当小锅里面没有水的时候，你看不到硬币。因为硬币被突起的锅边挡住了，从它表面出发的光也就无法到达你的眼睛。但是，当我们向锅里倒入水后，情况就大不相同了。因为，当光从水中跑到空气中的时候，它前进的方向会发生变化。这样，从硬币表面出发的光就顺利地绕过了小锅的边缘，进入你的眼睛，这样你也就看到硬币啦！

透 镜

想要看到更多的细节，那可要使用放大镜了。如果你家中没有放大镜的话，我们一起来制作一个吧！

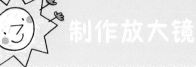

制作放大镜

1 把报纸平铺在桌面上，用灯光照亮。再将玻璃盘放在报纸上。

准备实验
● 一个玻璃盘
● 一杯水
● 一把勺子
● 一张报纸

真真假假

有些透镜不会将物体放大，反而会将它们缩小。

真的。凹透镜（中间薄边缘厚）会让物体变小，凸透镜（中间厚边缘薄）会将物体放大。

2 把勺子浸在水中，将大小不一的水珠洒到玻璃盘上。

3 透过水珠看桌上的报纸，并轻轻移动玻璃盘。是所有的水珠都可以放大字体吗？放大的程度一样吗？

水珠凸起得越高，字体放大得越大，这就是你制作的放大镜！你还记得第23页的实验吗？它们是同一个原理——当光从水中进入空气中的时候，会改变方向。因此，光从报纸表面出发穿过水珠时，就改变了方向，字体看起来也就变大了。玻璃制作的放大镜也是同一个原理！

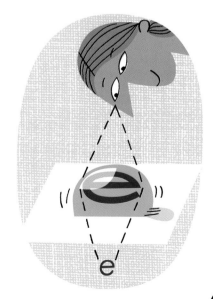

盒子的秘密

咔嚓！不论是古董相机还是现代相机，照相时采用的都是同一个原理——它们都需要一个黑暗的小盒子和一个小孔来捕捉光线。

实验准备：
- 一个空奶盒或果汁盒
- 一把尖刀
- 一张透明纸
- 一卷胶带
- 一枚图钉

1 用小刀在空奶盒或果汁盒上开一扇小窗户，越大越好。然后将透明纸粘贴在窗户上。

你知道吗

照相机的小孔前有一个透镜，这个透镜可以调节相片的清晰程度。

2 把奶盒转过来，在中间的位置用图钉钻一个小孔。

3 晚上，把小盒子拿到灯光附近，小洞朝着光的方向。你看到在透明纸上的灯泡了吗？它是什么样子的？换一个灯泡试试呢？

在透明纸上，你看到的灯泡是倒过来的！灯泡发出的光需要透过小孔，可穿过小孔后，图像却颠倒了。这是因为上部的光穿过小孔到了下面，左边的光透过小孔到了右边。照相机就是这样工作的，照相机里面有一个黑黑的盒子和一个小孔。外部的光线透过小孔进入盒子被记录在位于小孔对面的胶片或电子元件上。这些记录的图像是倒着的，但是没关系，只要将照片倒过来就好啦！

我的眼睛

你有没有发现，小猫瞳孔的形状是会变化的！有时，瞳孔中间是一条细线，有时，又变得又大又圆。这是为什么呢？

缩小的瞳孔

1 找一个光线较暗的房间，仔细观察小伙伴一只眼睛的瞳孔。

实验准备：
● 一个手电筒
● 一面镜子
● 一个小伙伴

我是谁

当光线很强时，你会把我架在鼻子上，这样眼睛就不怕太阳了。我是谁呢？

答案：我将我的名字叫墨镜。光线会非常强烈，即使你的瞳孔很小，还是有许多强光通过，所以，为了不伤害我们的眼睛，戴上墨镜吧！

2 将手电筒打开，慢慢靠近小伙伴的眼睛。他的瞳孔有什么变化吗？

3 还是在这间屋子里，通过镜子观察你自己的瞳孔。再用手电筒照亮，观察变化。

当光线充足的时候，瞳孔会变小。你的眼睛就好像上一个实验中的黑盒子，透明纸就是我们的视网膜，它像一个屏幕一样，用来呈现图像。而前方可以让光线通过的小孔就是我们的瞳孔啦！在黑暗中，瞳孔会自动放大来接收更多的光，但是在白天，它就会适当缩小，避免光线太强晃花了眼睛。

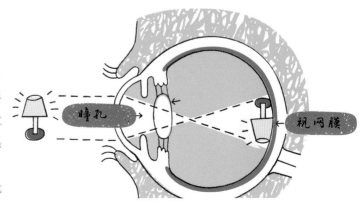

瞳孔　　视网膜

43

彩 虹

太阳光是白色的，但是雨后太阳出来的时候，我们看到的彩虹却是多彩的。这些美丽的颜色又是从哪里来的呢？

创造彩虹

实验准备：
- 一个圆形的玻璃杯
- 一些水
- 一个手电筒或者……阳光

1 如果是用手电筒做实验的话，最好找一个暗一些的房间。把玻璃杯装满水，放在桌子边。

试一试

将一张 CD 放在灯光下，你能看到几种颜色？

答案：红色、橙色、黄色、绿色、青色、蓝色和紫色。有时，我们还会看到粉红色、棕色、灰白色，这是一种非常明亮的色。

2 打开手电筒，照亮玻璃杯中的水面，这时地面上会出现一道彩虹。如果彩虹没出现的话，将手电筒挪到离桌子更近的位置，重复实验。

3 如果阳光恰巧透过窗户照进你的房间，那真是再好不过了！让大人帮忙，把水杯举在窗边的位置，一道美丽的彩虹就会出现在地上了。

如果将蓝色和黄色的颜料混合在一起会得到绿色。太阳光也是一样的，只不过它是由红色、橙色、黄色、绿色、青色、蓝色和紫色构成的，这些颜色的光混在一起就变成了白光！太阳或者手电筒里发射出的白光，都是由这几种颜色的光组成的。因此，当光透过水杯时，不同颜色的光被分散开来，这样你就看见了不同颜色的光，这就是彩虹！

橙色的太阳

太美了！太阳落山的时候，天边会
变成橙红色的。这是因为傍晚的时候，
这些光线需要透过厚厚的大气层才能到
达地球，进入我们的眼睛。这个大气层
只允许橙色和红色的光通过，所以这时
候的太阳看起来就是橙红色的。

实验准备：
- 一个装满水的杯子
- 一杯牛奶
- 一个手电筒
- 一张白纸
- 一把小勺

1 把白纸对折，放在水杯后面，这是你的屏幕。

2 打开手电筒，让光线透过水杯照在白纸上。白纸上的光是什么颜色的？

3 盛一勺牛奶，放在水杯中，仔细搅拌。再重复刚才的实验，颜色变化了吗？再加一勺牛奶，再来一勺……你观察到了什么？

当你在水杯中加入牛奶的时候，白纸上的光斑变成了橙色。我们已经知道，手电筒的光是白色的，但是这个白光是由紫色、蓝色、绿色、黄色、橙色、红色和青色构成的。这些光线进入水杯，其中一部分光被牛奶阻挡住了，这些被拦下的光是紫光、蓝光和绿光。只有黄色、橙色和红色的光穿过水杯到达了纸面，所以你看到的光就变成橙红色啦！

颜色究竟是什么

好鲜艳！你在这个图片中看到了几种颜色？黄色、蓝色、绿色……但是，为什么你看到的这些小丑的鼻子是红色的呢？

不用画笔，给白墙染色

- 一个手电筒
- 一本书
- 一面白墙

1 这个实验需要在黑暗的房间中进行。请打开手电筒，然后把房间里其他的灯都关掉，走到白墙旁边。

2 把书拿到和墙面平行的地方，把手电筒贴近书，照书上不同的位置，然后观察墙面的变化。

3 当手电筒照在书上蓝色的地方时，墙面就变蓝了。照其他颜色也是一样。

　　手电筒的白光也是由彩虹中不同颜色的光构成的，当这束光到达书的表面时，一些光会反射出去，一些会被吸收。比如，让手电筒的光照在一页蓝色的书上，只有蓝色的光会反射，其他颜色的光会被吸收。于是反射出去的蓝光照在墙面上，墙就变成了蓝色。香蕉会反射出黄色的光，所以你看香蕉是黄色的，这也是你看小丑的鼻子是红色的原因。

全是点点

大自然中，有一只小瓢虫正趴在一片绿色的叶子上。但是在印刷这一页的图片时，我们并不需要绿色的油墨。一个印刷出的图像，是由无数个黄色、红色、蓝色和黑色的点构成的，黄色和蓝色点重合的时候，便成了绿色。

实验准备：
- 一台彩色电视机
- 一片塑料保鲜膜
- 一杯水

1 截取一小段保鲜膜，粘贴在电视屏幕上，这样电视就不会被弄脏。现在，打开电视机。

2 用手指在水杯中蘸取一些水，放在保鲜膜上。移开手指，让保鲜膜上只留下一滴小小的水珠。

3 透过这个水珠观察电视屏幕，你会看到三种不同颜色的点点。它们是哪三种颜色？

组成电视屏幕的点点分别是绿色、红色和蓝色的。有时绿色、红色和蓝色会多一些，有时少一些，但是不会出现其他的颜色。当你透过水珠观察时，水珠就像一个放大镜，把这些点点放大了，你也因此看得更清楚。而没有水的地方，那些点点太小，你的眼睛不能看到它们，只能看到一些绿色、红色和蓝色混合而成的光。但是你知道，当不同颜色的光混在一起时会变成另外一种颜色。这也是为什么电视上可以呈现出好多好多不同的颜色的原因。

小词典

三种颜色，经过混合可以得到世界上所有其他的颜色，它们叫作原色。绘画中，原色指红色、蓝色和黄色；电视中，原色指蓝色、红色和绿色。

不同的颜色

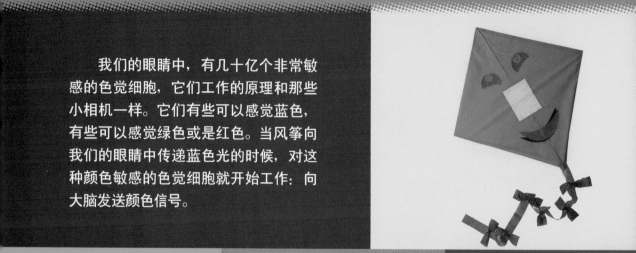

　　我们的眼睛中，有几十亿个非常敏感的色觉细胞，它们工作的原理和那些小相机一样。它们有些可以感觉蓝色，有些可以感觉绿色或是红色。当风筝向我们的眼睛中传递蓝色光的时候，对这种颜色敏感的色觉细胞就开始工作：向大脑发送颜色信号。

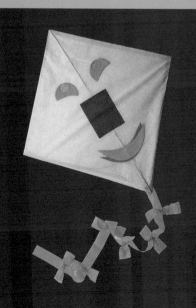

实验准备：
● 一盏台灯

1 把你的书放在台灯下照亮。

2 眼睛盯着这条红色的金鱼，从 1 数到 30。

3 接着，盯着图片中的鱼缸内部，你在鱼缸中看到金鱼了吗？ 如果看不到，眨眨眼睛……这次看到了吗？金鱼是什么颜色的呢？

测试

你在这张图中看到了什么？ 如果你看到了数字 17，说明你的眼睛对颜色的感觉能力很好。如果你没有看到，那么你很可能患有色盲——也就是说你的眼睛不能区分红色和绿色。不过这并没有关系，因为 10 个男生中就有一个对颜色的辨别能力不佳，而对女生而言，就比较少了。

一条蓝绿色的鱼！当你看红色金鱼的时候，金鱼向你的眼睛中递送红色的光。于是眼睛中接收红色光的色觉细胞就非常忙碌。接着，当你看白色鱼缸的时候，接收红色的色觉细胞由于疲惫停止了工作，只有蓝色和绿色的色觉细胞还在继续工作。于是，你就看到了一条蓝绿色的鱼。

假如没有了光……

电影放到一半时，电影银幕突然黑了。

"怎么回事！"昆丁吓了一跳，"发生什么事了？"

黑暗中，他转向了玛侬。

"电影为什么不继续了？我能听到声音，却看不到图像了！"

"真奇怪，"玛侬回答道，"出口的灯光也熄灭了……"

"我的表盘也不亮了……所有的光都没有了！妈妈，这是怎么回事？"

但是昆丁的妈妈并没有回答。

她刚刚明明就坐在他们旁边的啊……

"妈妈！你去哪里了？……你出去了吗？"

黑暗中，昆丁和玛侬手拉手来到了电影院的出口。尽管是下午，外面已经一片漆黑。太阳光也不见了！红绿灯、路灯，全都熄灭了。

这是个噩梦！一点光都没有了。就好像我们的眼睛看不见了！

"怎样才能找到我妈妈呢？怎样才能回家呢？"

"我们坐下来等吧！"玛侬说道。

"你说这会持续很久吗？"昆丁有些担心。

"没有了光，我们根本活不了多久。所有的植物都需要光，没有了光，它们就会死掉，接着动物也会死掉，因为它们没有植物可吃……在地球上，没有光是没有办法生活的。"

"快告诉我这只是一场梦！"

"我好冷。"昆丁哆嗦着说道。

"很正常，太阳光让地球变得温暖。没有了太阳光，温度会降低，海洋也会结成冰！"

"这真是太可怕了！"昆丁叫了起来，"快告诉我这只是一场噩梦！"

突然，灯光又亮了起来。昆丁看了看周围，还在电影院里。妈妈和玛侬都坐在旁边，虚惊一场！

"嘿，"玛侬说道，"你看起来不精神，是不是睡着啦！看电影的时候，你不该睡的！"

"我吓得不轻！但不管怎么说，有光真好！"

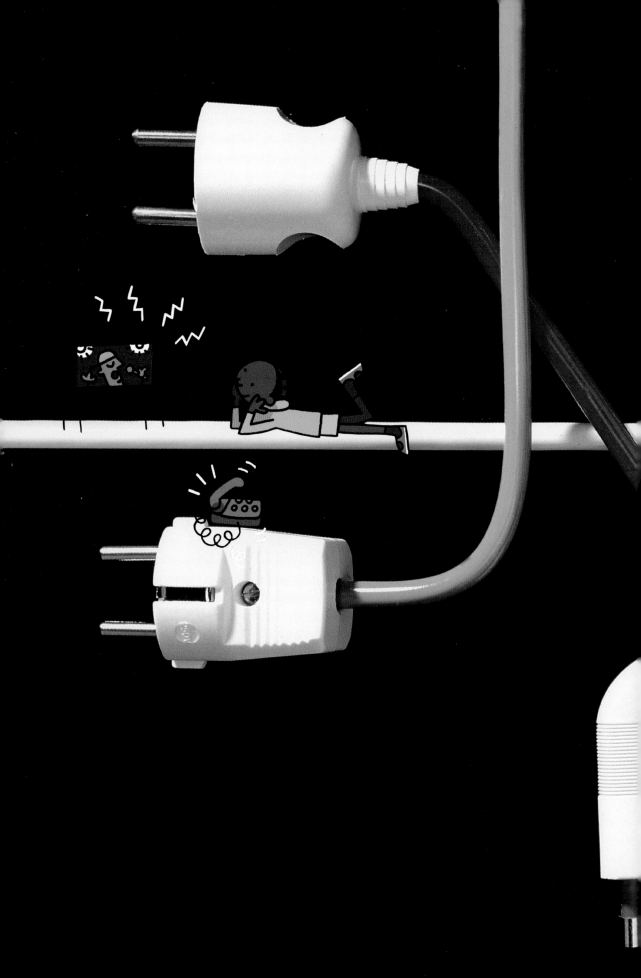

电

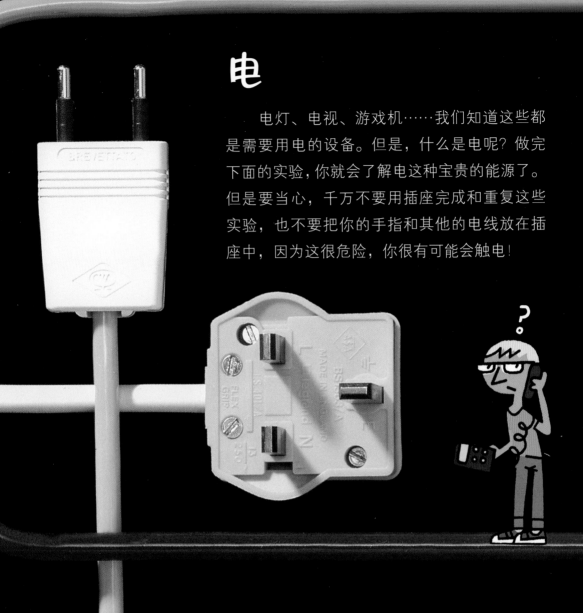

电灯、电视、游戏机……我们知道这些都是需要用电的设备。但是，什么是电呢？做完下面的实验，你就会了解电这种宝贵的能源了。但是要当心，千万不要用插座完成和重复这些实验，也不要把你的手指和其他的电线放在插座中，因为这很危险，你很有可能会触电！

什么是电

没有了电，旋转木马就没那么有趣了！所有的彩灯都会熄灭，让木马旋转的发动机也会停止工作，音乐就更别说了。这样说来，电的用处真的很大啊！但是，你知道究竟什么是电吗？

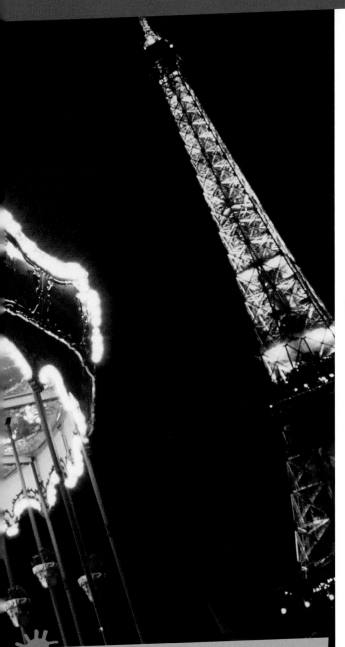

实验准备：
● 一节电池

1 把电池的两个极片擦干净。

2 快速地用舌头舔电池上的极片，注意要两个极片同时舔到。你有什么感觉吗？

哎呀，舌头感觉被刺了一下！这是因为你感受到了从你的舌尖经过的电流。电是由很微小的物质粒子构成

的，就像是沙粒一样，只不过比沙粒小很多，小到你的眼睛都无法看到它们。这些小粒子就叫作电子。当你把湿湿的舌尖放在电池的两个极片上时，电子就会把舌头当作桥梁，从一极跑到另一极去。电子的移动就形成了电流。

你知道吗

电池形成的电流并不强，但是你还是会感到不舒服。电源插座中的电流可要比这强得多，如果你触碰电源的话，会遭受很严重的冲击，甚至有可能会死亡。不论是小朋友还是大人，都不可以直接把手指和电线直接放到电源插座中去！

静 电

　　哎哟，这些人的洗发水看来可不怎么样！其实不然，这是她们在科技馆做实验的结果。她们触摸了储存有静电的金属球，金属球上的静电传导到她们身上让她们的头发都竖立了起来。

不用双手拿起纸屑

实验准备：
- 一张面巾纸
- 一把塑料尺
- 一件毛衣

1 取一张面巾纸撕成小碎片。

你知道吗

2500 年前，希腊人既没有电池，也没有灯泡。但是，他们已经会利用静电娱乐了。他们摩擦一种叫作琥珀的树脂，并用它来吸引小羽毛。在他们的语言中，"琥珀"和现在"电子"的发音很像，"电"一词也由此而来。

2 把塑料尺移动到纸屑上方，观察有什么现象发生。

3 现在，把塑料尺用力在毛衣上摩擦 20 下，毛衣最好是羊毛的。

4 再次把塑料尺靠近纸屑，这回有什么变化吗?

当你没有摩擦塑料尺时，什么都没有发生。但是，当你摩擦塑料尺很多下后，碎纸片就会自动地粘在塑料尺上。这并不是魔术，这是电！当你在毛衣上摩擦塑料尺时，塑料尺会抢走毛衣上的电子，因此，塑料尺就带了一些电，我们把这样的电叫作静电。接着，当你把塑料尺靠近纸屑的时候，纸屑就被这些电吸引过去了。

空气中的电

在一场暴风雨中，细密的雨珠会在云中发生摩擦。这样的摩擦使得它们携带了大量的静电，就像我们用塑料尺摩擦毛衣时一样。当云层中的静电足够多时，便会形成一道从云层到大地的电流。这，就是闪电。

CRAC

制造火花

实验准备：

● 一节电池

● 一卷胶带

● 一段剥去外皮
的电线

● 一枚金属图钉

1 把电线的一端用胶带粘贴在电池的一极上，把电线的另一端缠绕在图钉的尖上。

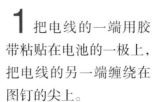

2 用图钉快速地触碰电池的另一极，看到小火花了吗？ 这个实验不可以做太多次，因为图钉会迅速升温，变得很烫。

你知道吗

一次闪电中所包含的电能足够一只灯泡亮上一年。但遗憾的是，我们还没有办法收集这些巨大的能量。

电池的电子非常想从一极跑到另一极去。于是，它们从一极出发，通过电线到达了图钉的位置。但是，这次路被堵死了，电子们想要到达另一极只能跨过空气，但距离太远，它们并不能做到这一点。于是，当你将图钉靠近另一极时，这就变得可能了。当电子们向另一极跃去时，你看到的火花就是正在穿过空气的电子。

电 池

好奇特的装置！这是什么？一个叠满了硬币的机器吗？不，这是一节电池，是人类发明的第一节电池，距今已经有 200 年了。它工作的原理和你即将要制作的电池很类似。

制造电池

1 把两根电线擦干净，将其中一根电线连接到曲别针上。

实验准备：
- 一个装满醋的杯子
- 两截剥去外皮的铜电线
- 一个铁质曲别针

2 把曲别针和另外一根电线的一段放进醋中。注意，曲别针不可以触碰到另一根电线。

3 把其中一根电线放在舌尖上。

4 现在把另一根电线也放在舌尖上，感觉到什么了吗?

你知道吗

最早的电池是一种装有特殊化学液体的容器，里面有金属电极。因此，电池的名字里会带有一个"池"字。这就是"电池"一词的由来。

恭喜！你已经成功制成了一节电池！当两根电线同时放在你的舌尖上时，你会有一种很奇怪的感觉，这就是电。杯子中的曲别针、铜线和醋发生化学反应，产生了电，我们把这叫作化学反应。在真正的电池中并没有醋，但电也是通过化学反应产生的。

照亮一切

从前，我们用蜡烛和油灯照明，但是火会带来一定的危险。幸运的是，1879 年，爱迪生发明了电灯。这是一项伟大的发明！

实验准备：
- 一节电池
- 一个手电筒灯泡
- 一副墨镜

1 首先，仔细观察灯泡的内部，有两根较粗的电线在两侧，一根较细的在中间。你看到了吗？现在，你可以把墨镜戴上了。

我是谁

我的身材小巧又纤细，
我住在圆圆的玻璃屋里，
我感到热时屋里就亮了，
我感到冷时屋里漆黑一片。

答案：灯丝。

2 把灯泡放在电池的一极上。

3 把灯泡轻轻拿起，调整它的位置，使它可以同时触碰到电池的两个极片。灯泡亮了起来，在灯泡中，是哪根线发出了光？是两个比较粗的，还是中间那根细的？

我们知道电流是由许多电子构成的，它们一个个排着队在电线中前进。当电线很粗的时候，电子有很充裕的地方可以通过，但是当电线很细的时候，电子们就很拥挤了。电子们互相拥挤，摩擦生热了，电线也会热起来，等到电线非常热的时候，就会发出光来。

很多的电

一台小收音机需要的电很少，一节电池就够了。但是你的家、整个城市的耗电量就要多得多了。火力发电厂、水力发电厂、核电站都可以产生巨大的电流。这是一个水坝，水在通过水坝时会推动发电机产生电流。

实验准备:

● 两节5号电池
● 一卷胶带
● 一个手电筒灯泡
● 一根剥去外皮的电线

1 将电线的一端粘贴在电池上标有"—"的一极上,另一端缠绕在灯泡上。

2 把灯泡的尾部放在电池的另一极上,灯泡亮了,光很强吗?

3 重复实验,这次用两节电池。将第一节电池标有"+"的一端贴近另一节电池标有"—"的一端,就像图中画出的一样。灯泡发出的光亮和刚才的一样吗?

你知道吗

我们用"米"来作为长度单位,用"伏特"(简称"伏")来作为电压的单位。问问爸爸妈妈,一节电池的电压是多少,家用电器使用的电压又是多少。

用一节电池时,灯泡发出的光很微弱,这是因为一节电池不能产生足够大的电流。两节电池串联在一起的时候,电流的大小就变成了原来的两倍,灯泡发出的光的亮度也就是之前的两倍了。如果你用一节电压更大的电池,小灯泡还会更亮。一节4.5伏的电池相当于3节1.5伏的电池串在一起。

输送电流

核电站、水电站、电池都可以产生电。灯泡、电视、电动火车都需要电才能运转。我们是如何将电池中的电输送给灯泡的呢？借助电线！

你知道吗

中国输电线的总长度有100多万千米！如果把这些输电线接在一起，其长度是地球到月球距离的3倍！

实验准备：
- 一节电池
- 一个手电筒中的小灯泡
- 两根剥去外皮的电线
- 铝箔纸
- 一卷胶带

1 用电线的一端缠绕灯泡的金属尾部。

2 剪下一块铝箔纸，包裹住另一根电线的末端。把铝箔纸折成小球的形状。

3 剪下一段胶带，放在桌面上，有黏性的一面朝上。把铝箔纸小球放在胶带中间。

4 把灯泡的尾端放在铝箔小球上，用力下压。把两侧的胶带卷起，粘在灯泡上。注意，铝箔纸需要触碰灯泡的底端，但不能碰到两侧，不然实验就不会成功了。

5 用胶带将电线的另一端粘贴在电池的一极，另一根电线同样。灯泡亮了！

电流在电线中流动，就像水在水管中流动一样。在我们制作的装置中，电流从电池的一极出发进入第一根电线，然后穿过灯泡，进入第二根电线，从另一极回到电池中。由于电流经过了灯泡，灯泡就亮了起来。

这些工人正在电线塔上工作，这很危险！他们既要摆弄电线，又要防止被电击，因此他们会用图中这种橘色的长杆。这些杆子是用绝缘材料制成的，可以阻止电流经过。

电流可以通过吗

1 取一根电线，将一端粘在电池的一极上，另一端缠绕在灯泡的金属尾部。注意电线金属的部分需要与灯泡金属的部分接触。

实验准备：
● 一节电池
● 一个手电筒中的小灯泡
● 两根剥去外皮的电线
● 一卷胶带
● 一个金属叉子
● 一支有塑料外壳的笔

2 取第二根电线，把一端用胶带固定在电池的另一极上，另一端固定在叉子上。

3 把小灯泡拿起来，放在叉子上，小灯泡亮了吗？

4 把叉子取下来，换成塑料笔。再次把小灯泡放在上面，这一次小灯泡亮了吗？

你知道吗

铁、铜、铝、银都可以导电，我们把它们叫作导体。塑料、木头、玻璃不可以导电，我们把它们叫作绝缘体。

小灯泡在叉子上会发亮，放在塑料笔上就不会。这是因为叉子是铁质的，铁是一种可以导电的材料，于是电流通过电线后还可以通过叉子，最终到达灯泡，将它点亮。而塑料却不同，它是一种可以阻止电流通过的材料，于是电流无法到达灯泡，小灯泡自然不会被点亮了。

开 关

当我们想要阻止水流从管道中流出时，我们会关闭水龙头。那当我们想阻断电线中的电流时，我们应该做些什么呢？关闭开关！当我们想要关灯、关闭电视的时候，就需要关闭开关。开关并不是很难制作的哟……

实验准备：

- 一节电池
- 一个手电筒中的小灯泡
- 三根剥去外皮的电线
- 一张铝箔纸
- 一个木塞
- 两枚金属图钉
- 一个曲别针
- 一卷胶带

1 制作这个装置需要参考第71页的前四幅图，当然，如果你还保留着之前做好的小装置，就不需要再重做啦！

2 取一根电线，将一端用胶带固定在电池的一极上。取另外一根电线，缠绕在图钉的末端。之后，将图钉钉在木塞上。

3 取第三根电线，一端固定在电池的另一极上，另一端缠绕在第二枚图钉上。让图钉的尖从曲别针中穿过钉在木塞上。

4 你可以摆弄曲别针，让它一会儿连接两枚图钉，一会儿断开，灯泡也会时亮时灭。

恭喜！你刚刚成功制作了一个真正的开关。我们一起来看看，这个装置是如何工作的。在电池中，电子们非常喜欢从一极到另一极去旅行，因此它们会将电线当作一个非常好的桥梁。当曲别针没有同时触碰到两枚图钉时，两极之间的桥梁就断了，电流因而没有办法通过，灯泡自然也不会亮。当曲别针在两枚图钉之间建立起联系时，桥梁又被修好了，电流通过，灯泡也就亮起来了。

排除故障

如果灯泡没有亮，请检查铝箔小球的位置，确保它没有接触到灯泡尾部的金属部分。如果是接触的，我们称其为"短路"。短路时电流不会从灯泡的灯丝中通过，灯泡就不会亮了。

假如没有了电……

亚瑟邀请了索菲到乡下的家里做客。晚饭时外面突然下起了暴风雨，与此同时，家里的所有灯光一起熄灭了！亚瑟的妈妈急忙去找蜡烛。

两个小朋友以聊天来安慰彼此。

"索菲，想象一下，要是明天也没有电，那会是什么样呢！"

"我很喜欢吃烤面包的！要是没有电面包可做不出。而且，我们也不能用微波炉加热食物了。"

这时，天边又传来了雷声，索菲打了个寒颤。

"棒极了！没电的话，我们就要穿旱冰鞋去学校了。街道上一辆车也没有，因为没有电，所以轿车、公交车都不能启动……"

"爸爸肯定很愿意穿着旱冰鞋去上班，而且他也不用带手机了！"

"超市里的收款机也没法工作了，想象一下吧，可怜的收银员们要手工算账了……"

"再想想我们喜欢的那些东西，都不能工作了——电视、电脑、游戏机、电动小火车、遥控汽车……"

"晚上，虽然比较麻烦，但是会很美。我们需要在各处点上蜡烛，就像过圣诞节一样！"

当亚瑟的妈妈回来时，家里的电又来了。
亚瑟和索菲有些失望。
他们本来可以在烛光中度过这一晚的。

"你们知道吗？"亚瑟的妈妈说道，"很久以前，人类的生活中是没有电的。的确，今天的我们也可以不用电生活，但是这会很难。因为我们需要改变许多的习惯！"

"这倒是。"亚瑟答道，"而且，你刚刚也没有跟我说，今天晚上还有部很好看的电影要在电视上播出呢！"

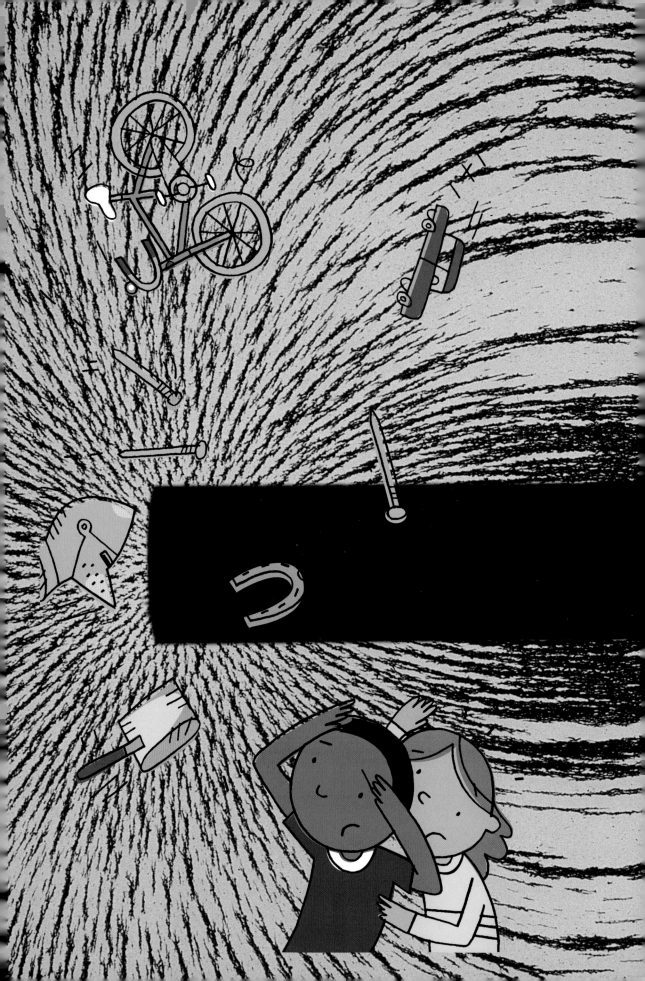

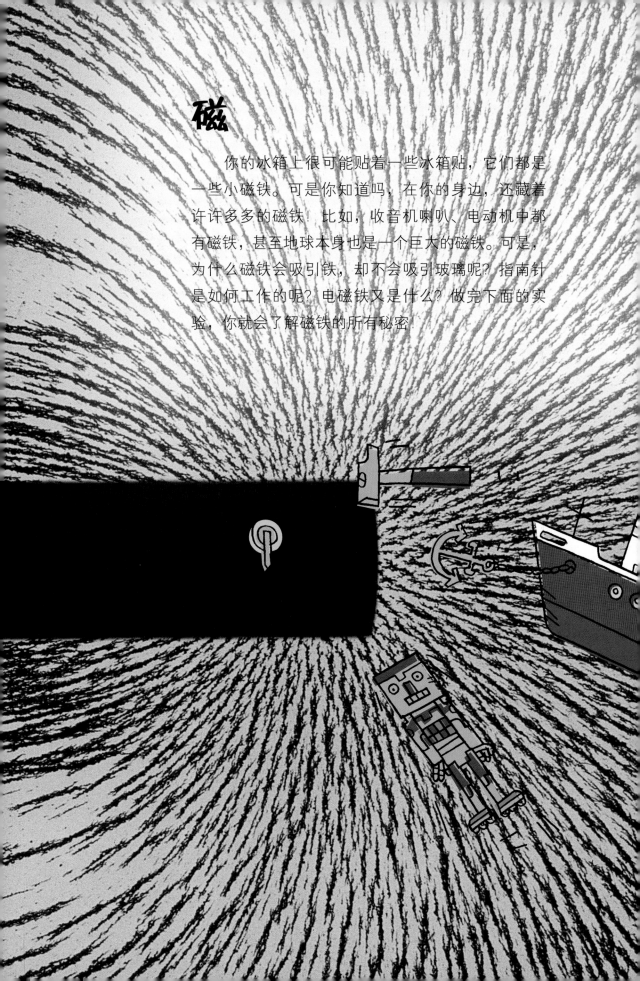

磁

　　你的冰箱上很可能贴着一些冰箱贴，它们都是一些小磁铁。可是你知道吗，在你的身边，还藏着许许多多的磁铁！比如，收音机喇叭、电动机中都有磁铁，甚至地球本身也是一个巨大的磁铁。可是，为什么磁铁会吸引铁，却不会吸引玻璃呢？指南针是如何工作的呢？电磁铁又是什么？做完下面的实验，你就会了解磁铁的所有秘密！

这些冰箱贴真好看！可它们为什么能够贴在冰箱上不掉下来呢？当我们把这些冰箱贴放在窗上、瓷砖上的时候，它们就会掉下来，这又是为什么呢？

1 把你的所有实验物品都放在桌子上。

实验准备：
- 一块磁铁
- 一枚硬币
- 一片铝箔纸
- 一些小物件，如笔、玻璃球……

2 先把磁铁放在一边，从物件中随便拿出一个，用它去触碰其他的物体，感觉到它们之间有吸引力了吗?

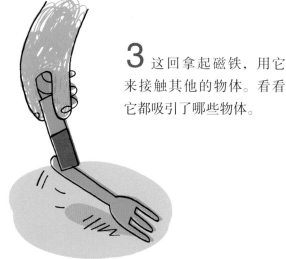

3 这回拿起磁铁，用它来接触其他的物体。看看它都吸引了哪些物体。

　　在所有这些物件中，只有磁铁可以吸引其他的物体，但也并不是可以吸引所有的物体，例如，它可以吸引铁制的叉子，却不能吸引玻璃球。这和制作这些小物件的材质有关。一块磁铁是由许许多多微小的磁体构成的，它们在磁铁内部整齐地排列着。铁中也有磁体，所以它会被磁铁吸引，但是由于铁中的磁体不是整齐排列的，因此它不是磁铁，而玻璃和铝中并不含有这些微小的磁体,因此它们不会被磁铁吸引。

哪里可以找到磁铁

　　你或许可以在某些壁橱的门上发现一些磁铁，或许也可以在超市的家装区域买到它们。冰箱贴虽然也是磁铁，但是强度太弱，不足以完成我们的实验。

这可不是特技哦！磁铁真的可以悬浮在空气中——它和下方的饼形磁铁会排斥。磁力是远程的，也就是说它并不用触碰，就可以吸引或排斥一些物体……

前进小·船

1 把曲别针放在木塞的侧边，用胶带固定。

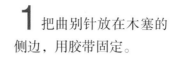

实验准备：
- 一个玻璃盘
- 一个木塞
- 一个铁制曲别针
- 一把尺子
- 一卷胶带
- 两本书
- 一块磁铁

2 用胶带将磁铁固定在尺子的一端。

3 向玻璃盘中倒一些水，把木塞放进水中，让有曲别针的一侧朝下。

4 把两本书放在桌上，彼此隔开一定距离，把玻璃盘放在书上。

5 把吸引着磁铁的一端伸入玻璃盘下方，在木塞下方的位置轻轻移动。木塞会随着尺子的移动而移动。有趣吧！

你不用触碰"小船"，"小船"就会移动！虽然隔着玻璃盘，但是磁铁还是会对木塞上的曲别针产生吸引。这说明，磁铁会对铁制的物体产生一种看不见的力，并且这种力可以远距离发生作用。因为磁铁并不需要触碰曲别针就可以让它随之移动。但是，磁铁和物体的距离越近，吸引力也就越大。这种吸引力可以穿过空气、水、玻璃和纸张。

小词典

磁铁会在它的周围产生一个"磁场"，这个磁场是眼睛看不见的，但是我们可以在磁铁周围撒一些金属屑，这样我们就能"看见"磁场了。你可以参考第78～79页的图片。

可以传递的力

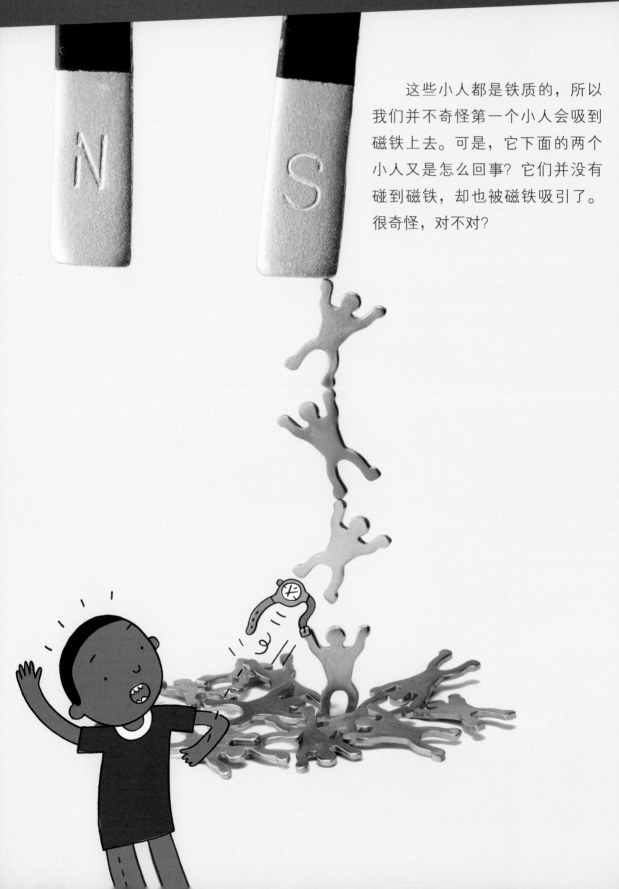

这些小人都是铁质的，所以我们并不奇怪第一个小人会吸到磁铁上去。可是，它下面的两个小人又是怎么回事？它们并没有碰到磁铁，却也被磁铁吸引了。很奇怪，对不对？

1 首先要确保两个曲别针没有被磁化，也就是说两个曲别针之间不会相互吸引。

实验准备：
- 一块磁铁
- 两个曲别针

2 把两个曲别针放在桌子上，用磁铁吸引其中的一个曲别针。

3 用被磁铁吸引的曲别针去触碰第二个曲别针，它们吸在一起了吗？

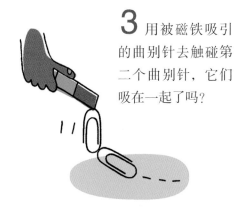

4 用另外一只手轻轻摘下离磁铁最近的曲别针，第二个曲别针也会同时掉下来吗？

另一个实验

如果你的磁铁磁力够强，你的小手也足够灵活，那么，你可以尝试用3个甚至4个曲别针形成一个连环。看看你的记录能够达到多少个。

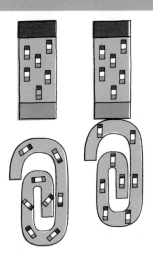

　　当曲别针接触磁铁的时候，它本身也成为一块磁铁。这是因为，在磁铁中有无数个微小的磁体，它们都是朝着一个方向整齐排列的。而铁中也存在小磁体，只不过铁中的小磁体是朝着各个方向的，并没有整齐排列。当你把曲别针放到磁铁上时，曲别针中的小磁体就被迫朝向了同一个方向，也就是说，曲别针也成为一块磁铁了。接着，当你把它从磁铁上取下来时，曲别针中的小磁体就又回到了原来的样子，磁力消失了，第二根曲别针也就不会被吸引，也就掉下来了。

在大自然中，有些石头可以吸引铁，它们是天然磁铁，但是，这是非常少见的。你所使用的磁铁，都是工厂里制作出来的。

螺丝刀变磁铁

1 首先确认螺丝刀没有被磁化，也就是说它不会吸引桌面上的小螺丝。

实验准备：
- 一块磁铁
- 一把螺丝刀
- 一些小螺丝

× 10

2 把磁铁放在螺丝刀的金属部分，从靠近手柄的位置到底部的位置反复摩擦 10 次。

你知道吗

在西方，"磁铁"这个词来源于希腊的一个城市——马哥内西亚，因为古希腊人在这里发现了一种黑色的石头，它可以吸引铁器。

3 把螺丝刀放在螺丝上方，螺丝会被吸引吗?

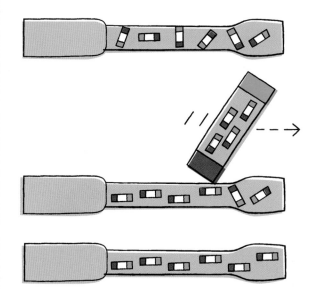

螺丝刀变成了磁铁! 在磁铁中，有无数个微小的磁体，它们全部按照同一个方向排列。在铁中，这些小磁体却是向着四面八方的，并没有整齐排列，因此不能向磁铁一样吸引金属。但是，当你反复用磁铁摩擦螺丝刀时，螺丝刀中的磁体就被迫向着一个方向排列起来，螺丝刀上的金属部分也就变成了磁铁。不信你看，它可以吸引螺丝钉了!

北极，南极

这列火车没有轮子！它悬浮在铁轨 1 厘米左右的上方，这是不是魔术啊？这不是魔术，这是铁轨中的电磁铁让火车悬浮了起来，因而火车可以在空中前进！

曲别针连环

1 把缝衣针放在白纸上，一个挨着一个摆放好。用胶带将它们固定在纸上，注意要把针尖露出来。

实验准备：

● 一块磁铁
● 三根相同的缝衣针
● 红色和蓝色的颜料
● 几张白纸
● 一卷胶带

2 把磁铁放在针尖的一端，向另外一端摩擦，再将磁铁拿开。这样反复 10 次，每一次都向着相同的方向摩擦。

另一个实验

如果你有两块磁铁，试着让两块磁铁相同的极彼此靠近。想要让它们彼此挨在一块儿，可是需要些力气哟！

3 把针的一端用颜料涂成蓝色，另一端涂成红色。等颜料干了以后，把胶带撕下来。

4 拿起一根针，用它蓝色的一端去触碰另一根针蓝色的一端，你感觉到了什么？ 如果是让两个红色的针尖互相触碰呢？ 如果是两个不同颜色的针尖呢？

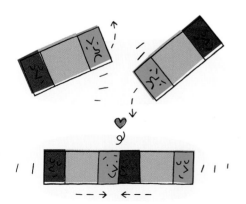

当你用磁铁摩擦针的时候，这些针已经被你变成了磁铁。可奇怪的是，两个相同颜色的针尖会彼此排斥，而不同颜色的却会彼此吸引！这是因为磁铁都有两个"极"，一个北极，一个南极。北极与北极互相排斥，南极与南极互相排斥。相反，北极和南极之间却是相互吸引的。

有指南针真是太方便了！即使外面是大雾，它也可以帮助我们找到方向。指南针是中国人在2000多年前发明的。我们之所以在讲磁的这部分提到指南针，当然是因为指南针就是磁铁啦！

制作指南针

1 用磁铁在大头针上反复摩擦 10 次，始终保持同一个方向，使大头针磁化。

实验准备：
- ● 一块磁铁
- ● 一根大头针
- ● 一些细线
- ● 一卷胶带

2 截取一根细线，长度是这本书的两倍。

真真假假

当指南针附近出现一块巨型铁块的时候，它就不会再指向南方了。

真的。你可以用你的指南针试一试。当它靠近铁块的时候，指南针就不会再指向南方，也看不出方向了。

3 用胶带将细线粘在大头针的中间。

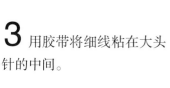

4 提起细线的另一端，待大头针停止晃动后，观察大头针针尖指向哪个方向。提着线在房间里走一圈，大头针针尖所指的方向发生变化了吗？

被磁化的大头针针尖会始终指向同一个方向，哪怕你在走动！你已经制作了一个指南针。指南针是这样工作的：在地球的内部有一个铁核，这个铁核就像是磁铁一样。所以我们说，地球是一个巨大的磁铁！我们知道，磁铁的北极会吸引另一块磁铁的南极，所以地球的北极就会吸引你的指南针的南极啦！正是由于这个原因，你的大头针针尖才会一直指向同一个方向。

电磁铁

这是一块电磁铁。当电流通过时，它会变成磁铁，吸引下方的废铁。当没有电流的时候它又变回一块普通的铁，吸引的废铁也会掉落下去。

1 先用磁铁验证一下，曲别针和螺丝都是铁制的。

实验准备：
- 一节 1.5 伏电池
- 一根 60 厘米长有外皮的铜导线
- 一枚大螺丝
- 一个曲别针

2 将铜导线缠绕在螺丝上。缠绕 10 圈后，将螺丝放在曲别针上，它们之间会互相吸引吗？

注意

　　在这个实验中，剥去外皮的铜丝会迅速变热，要当心不要被烫到！切记，千万不可以用电源插座直接进行实验，你会有触电的危险！

3 让大人帮忙，将铜导线的两端分别放在电池的两极上。这时，再将螺丝靠近曲别针，它们彼此吸引吗？如果将铜导线从电池上移开呢？

　　当电流通过铜导线的时候，螺丝就变成了磁铁！我们之前已经知道，铁制的螺丝中有无数个微小的磁体。平常，这些磁体都指向不同的方向，所以螺丝不是磁铁。但是，当电流通过铜导线的时候，螺丝中的小磁体会按照同样的方向排列，螺丝就变成了磁铁。当没有电流的时候，小磁体又按照原来的样子排列，螺丝就失去了磁性。

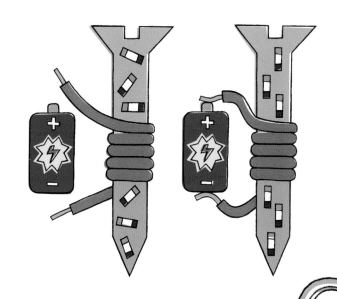

假如没有了磁……

一场"机器人"大战正在进行中。卡米尔躲在金属小锅的后面，突然，奥瑞拿出一瓶番茄酱，向卡米尔发起进攻。

"这是我的闪光磁武器，它可以把你的铁锅吸过来……你再也没有盾牌啦，我赢了！"

"错！"卡米尔叫道，"我有一个超级无敌消磁器！所有磁铁的磁性都会消失，是我赢了！"

奥瑞吃了一惊，他想了几秒钟，说道："是这样吗？你可以让一切失去磁性？你想过迁徙的小鸟吗？正因为地球是一块大磁铁，这些小鸟才能找到迁徙的路，你想让小鸟迷路吗？"

"这和小鸟一点儿关系也没有，你就是输啦！"

"好吧，我们来个约定，"奥瑞说道，"如果在一天的时间里，你一件磁铁都不用，你就赢了！"

"好啊，太容易了……"

下午到了，卡米尔无意间打开了收音机，奥瑞冲过来把收音机关上了，

"不可以！我们说好不能用磁铁的，收音机的喇叭里可有磁铁呢。所以你不可以听收音机，不可以看电视，也不可以接电话……"

"好吧，好吧，好吧！"卡米尔叫道。

晚些时候，卡米尔打开了电脑，想玩个游戏。

"嘿，不能用磁铁！"奥瑞提醒道，"电脑的硬盘可是有磁性的。你的超级无敌消磁器已经把它摧毁啦，你不能玩电脑！"

"好好好，你什么都知道……"

傍晚，卡米尔打开灯，想看看书。她得意地看了一眼奥瑞。

"怎么了，灯泡里可没有磁铁！"

"的确，奥瑞说道，灯泡里确实没有磁铁。但是我知道，在发电厂里，电是通过一种叫作'交流发电机'的装置产生的，这个装置里面有许许多多的电磁铁……"

"好，我放弃，"卡米尔终于妥协，"你赢了……"

"耶！"奥瑞胜利了，他说，"亲爱的卡米尔，下一次，你可千万不要和读过这本书的小朋友使用你的超级无敌消磁器啦！"

图书在版编目（CIP）数据

　　声光电磁：猫的眼睛会变吗 / (法) 纳斯曼著 ;(法)
艾伦绘；陈晨译.— 北京：北京日报出版社,2016.6
　　（睁大眼睛看世界）
　　ISBN 978-7-5477-2062-2

　　Ⅰ.①声… Ⅱ.①纳… ②艾… ③陈… Ⅲ.①物理
学 – 少儿读物 Ⅳ.①O4-49

　　中国版本图书馆CIP数据核字(2016)第066439号

La Lumière, le Son, l'Electricité, les Aimants © Mango Jeunesse, Paris–2011
Current Chinese translation rights arranged through
Divas International, Paris(www.divas-books.com)
巴黎迪法国际版权代理
著作权合同登记号 图字：01-2015-1937号

声光电磁：猫的眼睛会变吗？

出版发行：北京日报出版社

地　　址：北京市东城区东单三条8-16号　东方广场东配楼四层

邮　　编：100005

电　　话：发行部：（010）65255876
　　　　　总编室：（010）65252135

印　　刷：北京缤索印刷有限公司

经　　销：各地新华书店

版　　次：2016年6月第1版
　　　　　2016年6月第1次印刷

开　　本：787毫米×1092毫米　1/16

印　　张：6

字　　数：150千字

定　　价：32.80元